Jean SHONGO YONGA
Nannethe KAWESI LOKOKISA

A questão da gestão das zonas protegidas

Jean SHONGO YONGA
Nannethe KAWESI LOKOKISA

A questão da gestão das zonas protegidas

CASO DA REPÚBLICA DEMOCRÁTICA DO CONGO

ScienciaScripts

Imprint
Any brand names and product names mentioned in this book are subject to trademark, brand or patent protection and are trademarks or registered trademarks of their respective holders. The use of brand names, product names, common names, trade names, product descriptions etc. even without a particular marking in this work is in no way to be construed to mean that such names may be regarded as unrestricted in respect of trademark and brand protection legislation and could thus be used by anyone.

Cover image: www.ingimage.com

This book is a translation from the original published under ISBN 978-620-6-71572-6.

Publisher:
Sciencia Scripts
is a trademark of
Dodo Books Indian Ocean Ltd. and OmniScriptum S.R.L publishing group

120 High Road, East Finchley, London, N2 9ED, United Kingdom
Str. Armeneasca 28/1, office 1, Chisinau MD-2012, Republic of Moldova, Europe
Printed at: see last page
ISBN: 978-620-8-05405-2

0. Prelúdio

No final deste estudo de planeamento aprofundado

das áreas protegidas, gostaríamos de agradecer sinceramente ao Professor **LOHAKA DJONGA**, responsável pelo seminário, pela clareza didática da sua apresentação, pelo seu rigor científico e pela sua preocupação com a formação.

Durante o seu ensino, fez um esforço enorme e proveitoso

Utilizar numerosos exemplos para dar forma concreta às suas explicações mais fundamentais. Desenvolver nos ouvintes o espírito de análise, de comparação e de iniciação à compreensão das coisas menores. Depois de ter prestado um serviço mais reflexivo, foram dados trabalhos práticos aos ouvintes com o objetivo real de cimentar e concretizar o objeto do seu ensino.

O nosso trabalho está dividido em três capítulos, excluindo a introdução e o

Conclusão.

- O primeiro capítulo trata da história e das definições das áreas protegidas
- O segundo capítulo trata da gestão das zonas protegidas,
- O terceiro capítulo trata do processo de planeamento (identificação das partes interessadas, definição de prioridades para as acções de planeamento e financiamento sustentável).

CAPÍTULO I: HISTÓRIA E DEFINIÇÕES DAS ZONAS PROTEGIDAS

1.1 História e visão global

A proteção da natureza é uma prática muito antiga, com mais de 2000 anos, e relativamente universal: a criação da primeira zona protegida é geralmente atribuída ao imperador Ashoka, por volta de 252 a.C., na Índia, que construiu um santuário à volta do seu palácio para preservar a flora e a fauna.[6]. Na Europa, as zonas de caça foram reservadas à elite durante séculos, enquanto as sociedades do Pacífico impunham tabus a certas zonas e as "florestas sagradas" eram, e por vezes ainda são, objeto de proibições religiosas em África.

Na era moderna, uma das primeiras áreas protegidas sem fins lucrativos foi a Floresta de Fontainebleau: no século **XIX**, esta reserva de caça e depois reserva marinha real (nunca explorada) era o último lugar na região de Paris onde se podia admirar árvores muito antigas.[e] No século XIX, esta reserva de caça e depois reserva marinha real (nunca explorada) era o último local da região parisiense onde se podiam admirar árvores muito antigas, que faziam as delícias dos caminhantes e, em particular, dos artistas, como os pintores da Escola de Barbizon.

Um decreto imperial de 13 de abril de 1861 criou a "reserva artística" de Fontainebleau, que foi aumentada para 1 094 ha e, finalmente, para 1 693 ha entre 1892 e 1904, tornando-se assim a primeira reserva natural oficialmente criada na história.

Na era moderna, uma das primeiras áreas protegidas sem fins lucrativos foi a Floresta de Fontainebleau: no século **XIX**, esta reserva de caça e depois reserva marinha real (nunca explorada) era o último lugar na região de Paris onde se podia admirar árvores muito antigas.[e] No século XIX, esta reserva de caça e depois reserva marinha real (nunca explorada) era o último local da região parisiense onde se podiam admirar árvores muito antigas, que faziam as delícias dos caminhantes e, em particular, dos artistas, como os pintores da Escola de Barbizon. Quando a floresta começou a ser explorada, estes artistas, liderados por Théodore Rousseau, fundaram a Société des amis de la forêt de Fontainebleau para proteger a floresta.[8].

Um decreto imperial de 13 de abril de 1861 criou a "reserva artística" de Fontainebleau, que foi aumentada para 1.094 hectares e depois para 1.693 hectares entre 1892 e 1904.[10]tornando-se a primeira reserva natural oficialmente criada na história.[11].

O movimento deu mais um passo em frente em 1864, quando o Congresso dos Estados Unidos atribuiu ao Estado da Califórnia a gestão de uma pequena área para uso público. Este vale tornou-se o Parque Nacional de Yosemite em 1890, sob o impulso dos pioneiros da proteção da vida selvagem John Muir e Robert Underwood Johnson. O primeiro sítio a ostentar o título de parque nacional foi Yellowstone, criado em 1872 nos Estados Unidos. Ao mesmo tempo, foram dados os primeiros passos para a criação do Parque Nacional das Montanhas Azuis e do Parque Nacional Real, na então colónia britânica da Austrália. Iniciativas semelhantes estavam a surgir no Canadá, na Nova Zelândia e na África do Sul.[7]

1.2 Terminologia

Em francês, o termo espace protégé[3] ou "zona natural protegida" substitui por vezes o termo "zona protegida".

Uma Área Marinha Protegida (AMP) é definida como uma área geográfica com estatuto de proteção, a maior parte ou a totalidade da qual compreende uma zona marinha.[4].

A superfície classificada como AMP só está a aumentar 5% ao ano, pelo que, a este ritmo, teremos de esperar quinze anos para esperar que a superfície teoricamente protegida duplique.

Uma área protegida transfronteiriça é aquela em que a área geográfica protegida agrega e assegura um continuum de áreas protegidas em ambos os lados das fronteiras de vários países (geralmente esta área existe formalmente através de um acordo internacional que define regras de gestão coordenadas entre as áreas protegidas nacionais agregadas).

1.3 **Interesses das zonas protegidas**

Na China, entre 1975 e 1985, foram criados cinco "Parques Nacionais" especificamente para a proteção dos pandas gigantes, incluindo a Reserva Natural de Wolong.[17].

As zonas protegidas têm múltiplas funções e os seus promotores podem ser motivados pela necessidade de proteger a natureza intocada pelo seu valor intrínseco.

Desde os anos 1970-1990, vários autores (nomeadamente ocidentais) atribuíram-lhes a capacidade de fornecer numerosos serviços ou comodidades ecossistémicas: purificação natural da água, no caso das zonas húmidas, ou sequestro de carbono atmosférico, no caso das florestas, no âmbito da luta contra o aquecimento global.

Mais diretamente para a economia, estas áreas naturais podem ser utilizadas como zonas de lazer e atrair uma atividade turísticasignificativa, enquanto outras áreas são dedicadas à agricultura sustentável.

Por último, a existência de certas zonas protegidas justifica-se pela história de um lugar ou pelas práticas culturais que lhe estão associadas.

As primeiras zonas protegidas foram frequentemente designadas pela sua beleza, como o demonstram os exemplos de Yellowstone, nos Estados Unidos, e da floresta de Fontainebleau, em França.

A análise dos sítios inscritos na lista da Convenção de Ramsay mostra que, se em 1993 a maioria era inscrita com base na presença de espécies notáveis da fauna (neste caso, aves aquáticas), a tónica passou a ser cada vez mais colocada em critérios de desenvolvimento humano.[18].

O autor do estudo argumenta que a "conservação" não é a prioridade dos países em desenvolvimento e que esta mudança nas prioridades da Convenção pode ter tido como objetivo encorajar mais países a ratificá-la.

Na prática, de acordo com a investigação realizada por G. Baldi e a sua equipa em 2016, a maioria das áreas protegidas foi escolhida com base nas oportunidades oferecidas pelo seu afastamento dos centros populacionais e pela baixa densidade populacional. É o caso, nomeadamente, da América do Norte, da Austrália e da Nova Zelândia, bem como da América Latina e das Caraíbas.[19]

1.4. Justificações científicas, económicas e éticas (razões).

É de notar que :

Com base no que precede, identificamos sucessivamente as justificações (razões) científicas, económicas e éticas para a conservação, depois de assinalar o papel ou a importância das áreas protegidas (AP) na **conservação da biodiversidade.**

A. Justificações científicas (razões).

Por exemplo;

-Nalgumas zonas de Paris, havia árvores muito antigas para **admirar**, que faziam as delícias dos caminhantes e, sobretudo, dos artistas como os da escola.

-Os ocidentais, em particular, atribuem às zonas protegidas a capacidade de fornecer numerosos serviços ou comodidades ecossistémicas, como a purificação natural da água, as zonas húmidas ou o sequestro de carbono atmosférico pelas florestas, no âmbito da luta contra o aquecimento global.

$_1$No caso das reservas naturais (cat) sobre a entidade geomorfológica;

$_4$No caso das reservas de gestão (cat) sobre os habitats e as espécies;

- No caso dos recursos naturais, o objetivo é conservar os diferentes tipos de ecossistemas naturais, a fim de preservar os processos.

B. **Justificações (razões) económicas** Por

exemplo :

- Preservar a flora e a fauna;
- Servir de zona de lazer e atrair um grande número de turistas;
- Para outros domínios dedicados à agricultura sustentável ;
- A existência de certas AP justifica-se pela história de um lugar (ou pelas práticas culturais a ele ligadas);
- $_{2}$Para a entidade ecológica (cat) e/ou estética;
- $_{3}$No caso dos monumentos naturais (cat), a proteção justifica-se pelo seu carácter único ou raro;
- $_{5}$Para paisagens e paisagens marítimas (cat) para fins de lazer e turismo.

C. Justificações éticas (razões)

Por exemplo: tabus nas sociedades do Pacífico porque em certos locais onde as "florestas sagradas" foram ou são ainda por vezes objeto de proibições religiosas em África.

1.1. ZONAS PROTEGIDAS (AP)

1.1.1. Definição de uma zona protegida (AP)

Uma área protegida é um espaço geográfico definido, gerido e destinado à conservação a longo prazo dos recursos naturais que contém e dos serviços ou comodidades do ecossistema (por exemplo, purificação natural da água) que proporciona.

Quase todos os países do mundo criaram áreas protegidas. Vários programas internacionais visam a proteção da natureza e incentivam os governos a classificar as zonas naturais. [e]Embora os recursos naturais tenham sido sempre geridos pelas sociedades humanas, as primeiras áreas protegidas foram criadas nos Estados Unidos no final do século XIX, antes de a preocupação com o ambiente se tornar global na viragem dos anos 70, depois no Rio, em 1992, com a Convenção sobre a Diversidade Biológica (CDB), e de o movimento se espalhar por todo o planeta.

Em 2018, existe um consenso científico de que a proteção dos habitats e das espécies é a melhor forma de defender a biodiversidade, desde que essa proteção seja real em parques e reservas. De acordo com Jones *et al* (2018), o mapeamento global mais recente e abrangente das pressões humanas mostra que, embora tenha havido um aumento de 9% para 15% das terras protegidas entre 1992 e 2018, seis milhões de quilómetros quadrados (ou 32,8% das terras protegidas) ainda estão sob intensa pressão humana.[2]. Mais de 55% das áreas protegidas antes da ratificação da CDB (1992) sofreram desde então um aumento da pressão humana; apenas as grandes áreas estritamente protegidas são potencialmente eficazes, em alguns países, principalmente no hemisfério sul.[2]

1.1.2. Critérios de determinação de uma AP.

Os critérios ecológicos que os peritos utilizam para determinar uma área protegida são as taxas de endemismo, a diversidade e a presença de um grande número de espécies ameaçadas de extinção.

- **O CASO DAS ZONAS PROTEGIDAS NA REPÚBLICA DEMOCRÁTICA DO CONGO**

1.1.3. Categorias de Áreas Protegidas (AP)

A UICN definiu **seis categorias** de tipos principais de áreas protegidas.

As zonas protegidas da RDC são um exemplo disso.

Categoria 1: reservas naturais integrais (reservas naturais).

Trata-se de ecossistemas de importância científica nacional ou internacional. Contêm habitats e espécies frágeis, por vezes mesmo comunidades inteiras, que se encontram ameaçadas. A perturbação artificial, o turismo e o acesso do público são geralmente proibidos, a fim de garantir que os processos ecológicos fundamentais não sejam perturbados.

-Categoria 2: Parques nacionais (áreas relativamente grandes)

Um parque é constituído por um ou mais tipos de ecossistemas contíguos, transformados ou não pela atividade humana, cujas comunidades vivas, habitats e sítios geomorfológicos têm interesse científico, pedagógico, recreativo ou estético, e no qual os poderes públicos tomaram todas as medidas destinadas a impedir ou eliminar o mais rapidamente possível qualquer exploração ou ocupação em toda a sua superfície, a fim de assegurar o respeito efetivo das caraterísticas ecológicas, geomorfológicas e/ou estéticas que justificaram a sua criação.

Por conseguinte, a exploração dos recursos naturais deve ser proibida num parque nacional. As únicas excepções permitidas nos parques nacionais são os locais destinados ao acolhimento de turistas, limitados em número e em superfície, e o número mínimo de estradas necessárias para o acesso - zonamento para evitar potenciais conflitos de interesses entre o acesso de turistas e a conservação.

Categoria 3: Monumentos naturais

Trata-se de zonas que contêm uma ou mais caraterísticas particulares de importância nacional excecional, cuja proteção se justifica pela sua singularidade ou raridade.

Podem ter uma importância cultural, nomeadamente histórica.

Os monumentos naturais não ocupam grandes áreas, mas sim áreas relativamente pequenas. Embora estejam abertos ao público, os monumentos naturais devem ser preservados de perturbações artificiais.

-Categoria 4: Reservas naturais geridas (também conhecidas como reservas de gestão de habitats e espécies)

Respondem às necessidades de uma proteção orientada e, por conseguinte, implicam uma intervenção ativa, ao contrário das primeiras. Correspondem às antigas reservas ditas especiais ou especializadas (reservas botânicas, reservas de caça, santuários, reservas de vida selvagem, etc.) porque, regra geral, representam, de uma forma ou de outra, uma exploração dos seus recursos biológicos naturais.

- **Categoria 5:** Paisagens protegidas ou paisagens marítimas

Existem 2 tipos principais de áreas protegidas nesta categoria.

- Aqueles cuja paisagem apresenta qualidades estéticas particulares resultantes da interação entre o homem e a natureza;
- As que são constituídas por áreas naturais que foram intensamente desenvolvidas pelo homem para fins de lazer ou turismo.

A desvantagem destas áreas protegidas é que oferecem pouca proteção aos habitats e à biodiversidade que contêm, sendo as únicas restrições a proibição da construção industrial e da urbanização, que manchariam a paisagem e desfigurariam o habitat tradicional e o património arquitetónico.

- **Categoria 6:** Zonas de recursos naturais geridas

Trata-se de zonas muito vastas, relativamente isoladas e desabitadas ou escassamente povoadas, de difícil acesso, mas que podem estar sujeitas a pressões de colonização (o que acontece frequentemente no terceiro mundo).

Trata-se de zonas geralmente pouco estudadas ou avaliadas e onde as consequências do desenvolvimento agrícola, florestal ou mineiro são mal conhecidas.

Estas zonas requerem uma gestão racional dos seus recursos. A pressão exercida pelas populações locais ou migrantes para explorar estas zonas deve ser controlada.

Duas categorias de tipos principais de áreas protegidas criadas pela **UNESCO**.

***Reservas da biosfera**

Esta categoria de zona protegida, particularmente importante para a conservação, foi criada no âmbito do programa MA (Man and Biosphere) **da UNESCO, em 1970,** com o objetivo de conservar pelo menos uma zona representativa de cada um dos principais tipos de ecossistemas do mundo e de criar uma rede de reservas da biosfera.

Na realidade, estas reservas da biosfera sobrepõem-se muitas vezes, parcial ou totalmente, a outras áreas protegidas existentes que se enquadram nas seis categorias básicas definidas pela UICN (1 a 5).

Os objectivos essenciais da gestão são, portanto, a conservação dos diferentes tipos de ecossistemas naturais, a fim de preservar os processos ecológicos fundamentais e a diversidade genética das comunidades vegetais e animais que os habitam.

Um dos objectivos essenciais das reservas da biosfera é servir de marco, de testemunha da evolução dos ecossistemas ao longo do tempo, quer seja espontânea ou criada pelo homem.

Por último, o seu objetivo é permitir a investigação fundamental ou aplicada no domínio das ciências ecológicas.

São zonas de controlo do ambiente. Uma das últimas caraterísticas essenciais da biosfera é o facto de o seu estatuto prever uma zonação para orientar a sua gestão. Esta zonação compreende 3 zonas geralmente concêntricas:

- Uma zona central, destinada a ser uma reserva quase total e tão natural quanto possível, uma zona tampão ou zona estritamente delimitada e uma zona periférica de transição, uma zona de cultivo estável mas na qual as técnicas agrícolas utilizadas devem ser o menos perturbadoras possível do ponto de vista ecológico e na qual se procura sistematicamente a cooperação das populações locais.
- Sítios do Património **Mundial** Natural

Sob proposta de um Estado signatário, e após aprovação pelo Comité Internacional do Património Mundial, as zonas de valor universal excecional podem ser designadas como bens do Património Mundial. Trata-se, frequentemente, de zonas já protegidas que se enquadram nas categorias 1 a 5. São também criadas para assegurar a investigação e o acompanhamento permanente do ambiente. Embora a principal razão para a reação à criação de sítios do Património Mundial seja o carácter excecional para a civilização humana dos vestígios ou monumentos antigos que contêm, a sua inclusão nesta categoria de zona protegida pode, em parte, estar ligada à sua caraterística de monumentos naturais.

CAPÍTULO II: DESENVOLVIMENTO DAS ZONAS PROTEGIDAS

Uma Área Protegida (AP) é definida como um território terrestre, marinho, costeiro ou aquático delimitado, cujas componentes têm um valor particular, nomeadamente biológico, natural, estético, morfológico, histórico, arqueológico, cultural ou cultural, e que requer, no interesse geral, uma preservação multifacetada. É gerida com vista a proteger e manter a diversidade biológica, conservar os valores particulares do património natural e cultural e assegurar a utilização sustentável dos recursos naturais, contribuindo assim para a redução da pobreza;

As áreas protegidas são apenas um dos sectores e profissões que, nos últimos anos, têm registado uma procura crescente de colaboração com uma variedade de partes interessadas.

A gestão dos recursos ambientais e naturais passou de um estilo de regulamentação descendente para um estilo de parceria e colaboração estreita e diversificada entre as agências de gestão e as comunidades locais, os utilizadores dos recursos, outras agências de gestão, organizações não governamentais (ONG) e o sector privado. Esta evolução é coerente com argumentos mais amplos sobre o papel dos cidadãos, a partilha do poder e a participação nas decisões políticas e estratégicas, bem como com a mudança da direção governamental para uma governação mais inclusiva e com múltiplos intervenientes.

2.1. Objetivo de um plano de desenvolvimento da AP

O planeamento é o processo através do qual as partes interessadas (qualquer pessoa que possa ser afetada pelo ambiente de uma área ou que possa ter interesse no seu desenvolvimento, mesmo indiretamente) se reúnem para considerar e determinar como gerir os recursos de um determinado local para benefício das gerações presentes e futuras.

2.2. Componentes de um plano de desenvolvimento de uma AP

2.2.1. Ambiente da AP a gerir

Esta secção abrange tudo o que rodeia a HA e que pode ter um impacto no seu desenvolvimento.

2.2.1.1. Situação ou estatuto jurídico em relação à região ou ao país

- Existe um plano nacional de proteção dos recursos do qual a HA deve fazer parte? Uma rede de APs à qual ela deveria pertencer?
- O plano nacional baseia-se numa estratégia global de conservação proposta pela UICN?

2.2.1.2. Utilização de terrenos adjacentes

- Para o **funcionamento**

- Para fins agrícolas
- Para silvicultura ou desenvolvimento hidroelétrico para produção de eletricidade

• Para a construção de infra-estruturas que sirvam

-desenvolvimento industrial e comercial.

- desenvolvimento urbano (mercados, escolas, hospitais, etc.)
- lazer e turismo ao ar livre

• Para a construção de infra-estruturas do sistema de transportes que permitam o acesso à AP

- Estradas (veículos)
- Carris (comboios)
- Pistas de aterragem (aviões)

2.3 Caraterísticas de uma zona protegida

2.3.1. Caraterísticas demográficas

O objetivo é identificar as tendências para antecipar a evolução dos custos dos equipamentos, dos serviços e dos investimentos.

2.3.2. Caraterísticas culturais

- Estes são :

✓ Sítios históricos importantes (vestígios de civilizações pré-históricas, sítios científicos): locais, terrenos, edifícios e objectos de valor histórico.

✓ Grupo predominante com costumes sociais e religiosos distintos (ritos, cerimónias).

2.3.2. Caraterísticas físicas

Uma caraterística é uma qualidade que identifica alguém ou alguma coisa, e físico é um termo com vários significados.

Neste caso, o adjetivo indica o que pertence ou está relacionado com a constituição física.

No que nos diz respeito, basear-nos-emos em :

✓ Identificar e descrever os limites, utilizando caraterísticas naturais sempre que possível,

✓ Identificar a topografia, os cursos de água e as caraterísticas físicas específicas

✓ Compilação de mapas e imagens de satélite

2.3.3. Caraterísticas ecológicas

Trata-se de um caso de caraterísticas fáceis de compreender ligadas à eco-responsabilidade das embalagens;

Na nossa opinião, estas são as combinações de processos e benefícios, serviços e sistemas ecossistémicos que caracterizam a área num determinado momento. A nossa abordagem baseia-se na identificação das caraterísticas da área protegida.

A identificação das caraterísticas da zona protegida é ainda uma questão relativa:

- Os principais recursos da vida selvagem?
- Migração da vida selvagem e corredores de movimento
- Formações vegetais raras e sub-representadas
- Outros recursos florais e faunísticos de grande importância para a área protegida,
- Descrever os processos ecológicos essenciais no interior da zona protegida e as interações com zonas exteriores à zona protegida.

2.3.4. Caraterísticas socioeconómicas

É a pretensão geral de ser capaz de descrever e explicar a economia e a ação económica de uma forma mais realista para :

- Identificar as aldeias, os recursos culturais e espirituais, os caminhos pedonais, as vias de comunicação, os principais centros económicos da paisagem e das suas imediações, as actividades agrícolas, as zonas de caça e de pesca e as zonas de extração de madeira para fins de subsistência.

2.3.5. Caraterísticas das partes interessadas

✓ Identificar todos os actores da AP (incluindo as pessoas que vivem fora da AP ou que foram deslocadas)

✓ Reunir as partes interessadas para definir os objectivos da AP. Pode ser necessário reunir várias vezes para decidir sobre os objectivos.

✓ Delinear os objectivos da AP e, se possível, enumerá-los por ordem de prioridade.

✓ Descreva as possibilidades de atingir cada objetivo e as eventuais dificuldades.

- ✓ Identificar os recursos e as zonas da AP utilizados para fins de subsistência e os utilizados para fins comerciais (espécies caçadas ou colhidas e intensidade)
- ✓ Elaborar um mapa das espécies de madeira ou dos depósitos minerais que são desejáveis por razões económicas e que podem ser explorados no futuro.
- ✓ Identificar as actuais utilizações legais e ilegais dos recursos da AP
- ✓ Descrever outras actividades económicas existentes baseadas na AP, como o turismo
- ✓ Instalações Identificar as infra-estruturas existentes: estradas, edifícios administrativos, pistas de aterragem, alojamento turístico, etc.
- ✓ Descrever o impacto das utilizações dos terrenos circundantes
- ✓ Descrever as ameaças conhecidas aos recursos acima referidos e as tendências conhecidas que os afectam
- ✓ Considerar possíveis desafios futuros e influências novas ou em mudança na AS
- ✓ Avaliar a presença da autoridade nacional de planeamento na AP e a sua capacidade para aplicar o plano e fazer cumprir a lei.

2.3.6. Caraterísticas das partes interessadas

- ✓ Caracterizar a AP, especificando as suas caraterísticas e atributos conhecidos.
- ✓ Assegurar que as descrições são objectivas e breves.
- ✓ Sempre que possível, utilizar quadros e mapas para enumerar os recursos naturais da AP e descrever as condições físicas, ecológicas e socioeconómicas.

6°) Caraterísticas especiais

Trata-se de qualquer fenómeno que afecte a zona protegida no seu conjunto, ou uma ou várias partes da mesma, e que possa ter um impacto na sua utilização, missão ou desenvolvimento (deslizamentos de terras ou abatimentos, deslizamentos de lama, etc.).

2.4. Valor único da zona protegida

- ✓ O plano de uma AP é um instrumento de gestão organizado para a AP e serve de guia para determinar se o estado da AP (em determinados pontos do calendário) continua a ser coerente com o seu objetivo a nível local, nacional, regional (incluindo no âmbito do programa PFC) e mundial.
- ✓ Em alguns casos, o plano também fornece uma estratégia para obter o reconhecimento oficial da área protegida e registar o objetivo original da área protegida. Como tal, uma apresentação da área protegida e dos recursos que contém, explicando o seu valor único, é uma forma útil de iniciar o plano.
- ✓ Manter a descrição breve e realçar as principais caraterísticas da AP, e o seu papel no contexto paisagístico mais vasto, que ajudaram a explicar por que razão foi ou deve ser classificada como AP.
- ✓ Uma área protegida pode ser um elo essencial na rede dentro da paisagem, por exemplo; as funções da área protegida na paisagem global devem ser claramente explicadas no plano da paisagem.
- ✓ O plano de gestão não é adequado para uma discussão aprofundada ou complicada do recurso.

As actividades da área protegida estão planeadas nos terrenos circundantes e constituirão uma fonte de emprego para as comunidades locais. As partes seguintes do plano explicarão os pontos acima com mais pormenor, pelo que se destacam nesta secção os elementos importantes - os pontos-chave que queremos transmitir sobre a área protegida.

As nossas tarefas consistirão em

✓ Identificar e descrever o valor único desta área protegida.

✓ Serve de introdução ao plano de gestão e deve ser breve e conciso.

Esta secção deve dar uma resposta clara e breve à pergunta "Porque é que esta terra é uma zona protegida?".

2.5. Condições desejadas

As condições desejadas para uma área protegida devem indicar o aspeto que a área deverá ter e os benefícios que proporcionará indefinidamente no futuro.

Descrever as condições desejadas para a área protegida, relacionando-as com as condições e objectivos desejados para as paisagens do PFC, bem como com os objectivos nacionais para as áreas protegidas.

As condições desejadas terão de ter em conta as qualidades únicas da área protegida e indicar de que forma esta pode contribuir para cumprir o objetivo de conservação para o qual foi criada, as necessidades dos intervenientes e os objectivos do PFC, nomeadamente estabelecer práticas sustentáveis de gestão dos recursos naturais em toda a África Central, promovendo assim o desenvolvimento económico sustentável e aliviando a pobreza em benefício das populações da região e da comunidade global (Relatório sobre o estado das florestas 2005, p.2).

As condições desejadas para a área protegida fornecerão o contexto e a orientação para o resto do processo de planeamento. Planeamento e gestão de áreas protegidas na África Central: (Guia do Serviço Florestal dos EUA)

Versão 2.0 Página 17)

Identificar o contexto, o papel e o objetivo desta AP no âmbito da rede de AP e de outras categorias de uso do solo (macrozonas) na paisagem do PFC, a nível do país, da bacia do Congo e a nível mundial. Se o país em que se situa a área protegida tiver adotado uma visão nacional ou um conjunto de objectivos para a sua rede de áreas protegidas, as condições desejadas devem ter em conta esses objectivos e refletir essa visão nacional no desenvolvimento das áreas protegidas do país.

Algumas questões a considerar ao desenvolver as condições desejadas incluem:

- O que é que a área protegida tem de único e porque é que é famosa?
- Em que é que esta área protegida difere das terras circundantes?
- Como é que os planeadores e as partes interessadas querem que a área protegida seja em termos ecológicos?
- Como é que a área protegida deve contribuir socialmente para a região e os seus habitantes?
- Que recursos devem ser preservados ou protegidos?
- Qual é a categoria de área protegida que o plano pretende estabelecer?
- Em que medida a área protegida contribuirá para a conservação da biodiversidade, do património, das comunidades locais ou para o desenvolvimento económico e a redução da pobreza?
- Como é que a AP vai cumprir os objectivos do PFC Paisagens e em que medida vai servir de elo essencial na rede de AP?
- Qual deve ser o seu aspeto e o que deve proporcionar para um período futuro indefinido?

As condições desejadas terão de ser definidas por consenso com as partes interessadas.

Por conseguinte, esta parte do plano deverá também indicar quem participou na sua elaboração.

Procurar desenvolver condições desejadas que tenham em conta considerações económicas e sociais, bem como as funções caraterísticas da AP e as suas contribuições para os ecossistemas.

Especificar as condições desejadas para a AP no início do documento para fornecer contexto e direção para o resto do plano. A maioria dos projectos e actividades são desenvolvidos especificamente para alcançar ou manter uma ou mais das condições desejadas e objectivos do plano. Não se deve esperar que cada projeto ou atividade contribua para todas as condições desejadas ou objectivos em todos os casos, mas as Condições Desejadas estabelecem a direção geral para a área protegida durante um longo período de tempo.

As condições desejadas estabelecem objectivos ideais para o que a área protegida deve ser, o que deve proteger e quem deve beneficiar dela.

Alguns exemplos de condições desejadas são apresentados a seguir:

1) As populações de elefantes florestais estão a ser restabelecidas para reocupar áreas de presença histórica, em densidades históricas, a fim de assegurar processos ecológicos, tais como a dispersão de sementes de árvores nativas e a criação e manutenção de bacias florestais utilizadas por uma série de outras espécies.

2) Os bastiões de bonobos são protegidos da exploração e asseguram o repovoamento da espécie a partir das populações de origem.

3) O ecoturismo é estabelecido como uma fonte de rendimento pequena e sustentável para as comunidades locais e contribui para a conservação a longo prazo dos ecossistemas florestais. Planning and Management of Central African Protected Areas (US Forest Service Guide Version 2.0 Page 18) apenas para um subconjunto selecionado. Os planos de gestão das APs terão de articular as condições desejadas, as actividades propostas para alcançar essas condições e se essas condições e objectivos estão a avançar na direção certa. As condições desejadas podem ser alcançadas apenas a longo prazo.

Se se tornar evidente que as condições desejadas não podem ser alcançadas ou que já não se aplicam à gestão polivalente a longo prazo prevista no plano, atualizar ou rever o plano:

1) Reunir a equipa de planeamento da AP e as partes interessadas para desenvolver as condições desejadas para a AP.

2) Definir condições desejadas que sejam amplamente aceites e que procurem preservar as caraterísticas únicas e o significado da AP, melhorar o estado dos recursos da AP e promover oportunidades de subsistência para aqueles que dependem ou podem beneficiar dos recursos da AP. As condições desejadas devem refletir a visão ou os objectivos do governo para a AP como um todo no país em questão.

3) Indicar as pessoas que participaram no desenvolvimento das condições desejadas, a fim de clarificar as condições desejadas que representam.

2.6. Objectivos

Os objectivos de gestão definem os princípios essenciais para uma gestão eficaz da AP.

Os objectivos são particularmente importantes porque apoiam as condições desejadas e, mais especificamente, descrevem o resultado desejado para um determinado elemento, atributo ou condição da AP. (Exemplo: dentro de 10 anos, esta AP apoiará e manterá populações diversificadas e sustentáveis de fauna, peixes e plantas locais).

Podem ser fixados outros objectivos mais específicos para espécies ou ecossistemas que suscitem preocupações.

- Os objectivos devem ser suficientemente numerosos para garantir que o maior número possível de questões de AP seja adequadamente abordado.
- Os objectivos não devem indicar especificamente como serão alcançados, mas devem ser exequíveis.
- Os objectivos devem ser inequívocos, mensuráveis e acompanhados de um calendário.

- É essencial envolver as partes interessadas no desenvolvimento dos objectivos, uma vez que as diferentes partes interessadas discordam por vezes quanto às actividades que são compatíveis ou não com as condições desejadas.
- Não será possível satisfazer todas as partes interessadas, mas os responsáveis pelo planeamento terão de avaliar corretamente os objectivos das várias partes interessadas e encontrar respostas para os seus pontos de vista controversos ou contraditórios.
- Se necessário, a equipa de planeamento pode querer aplicar métodos de resolução de conflitos, incluindo técnicas de negociação, para ajudar a resolver os principais litígios entre as partes interessadas.

O termo "questão" refere-se aqui a qualquer tópico relativo a utilizações, ameaças, oportunidades, actividades, conflitos, etc., em relação à área protegida.

Se possível, enumerar os objectivos por ordem de prioridade. Os objectivos do plano de área protegida podem basear-se nos temas seguintes, mas serão específicos do sítio em questão: Conservação do habitat e das espécies (fauna e flora) Promoção da investigação científica Preservação das caraterísticas sociais e culturais Educação e formação Participação comunitária e desenvolvimento Geração de rendimentos
Desenvolvimento do ecoturismo Serviços ecológicos

Para cada objetivo, explique as oportunidades e os desafios associados à sua concretização. Por exemplo, a pobreza e uma economia deficiente podem continuar a resultar em pressões de caça sobre espécies endémicas que suscitam preocupação. Sempre que possível, incorporar os desejos das comunidades e das partes interessadas ou explicar como essas necessidades são satisfeitas nos terrenos circundantes da paisagem. Distinguimos entre dois tipos de objectivos: hipotéticos e reais.

Exemplos de objectivos hipotéticos **:**

- Estabelecer claramente pontos de controlo e colocar guardas em todas as estradas que se aproximem num raio de 8 km da área protegida.
- Publicar protocolos para detetar potenciais caçadores furtivos.
- Patrulhar a área protegida em intervalos regulares para detetar a existência de campos de caça furtiva. Utilizar a informação recolhida para desenvolver estratégias de combate à caça furtiva.
- Estabelecer dois locais de observação da vida selvagem dentro da área protegida para os turistas. Assegurar que os novos assentamentos humanos num raio de 8 km da área protegida tenham fontes de alimento suficientes para que não dependam da caça que vive na área protegida para a sua subsistência.

Exemplo de objectivos reais:

- Proteção das espécies ameaçadas e endémicas.
- Preservar a flora e a fauna protegidas pela legislação nacional.
- Promover a gestão sustentável dos recursos naturais pela população das comunidades tradicionais da área protegida.
- Criação de um sítio turístico como fonte de financiamento do desenvolvimento sustentável.
- Promover a educação para a conservação e a sensibilização das populações locais. (Fonte: Plano de desenvolvimento e plano de actividades da reserva natural de Tanya, território de Lubero, chefias de Batangi e Bamate, província de Kivu do Norte, República Democrática do Congo, 2008)
- Conciliar os interesses da conservação da vida selvagem com os das populações locais, respeitando os costumes tradicionais e o desenvolvimento florestal e mineiro.

- Prevenir as incursões de caça nas concessões florestais e reduzir a pressão da caça.
- Gerir melhor os limites dos parques e estabelecer um sistema de controlo. Abrandar ou impedir a caça transfronteiriça para fins comerciais.
- Identificar o contexto, o papel e o objetivo desta área protegida no âmbito da rede de áreas protegidas e de outras categorias de uso do solo (macrozonas) na paisagem do PFC, a nível do país, da bacia do Congo e a nível mundial. Se o país em que se situa a área protegida tiver adotado uma visão nacional ou um conjunto de objectivos para a sua rede de AP, as condições desejadas devem ter em conta esses objectivos e refletir essa visão nacional no desenvolvimento das áreas protegidas do país.

2.7. Diretrizes

As diretrizes podem ser concebidas como uma série de normas ou regras que se aplicam a toda a área protegida, descrevendo as actividades que são permitidas ou proibidas.

As diretrizes asseguram que certos aspectos da área protegida mantêm a sua integridade e que várias actividades se realizam, ou são proibidas, de forma a não comprometer os atributos valiosos da área protegida. Nesta secção, nomear e descrever as diretrizes da área protegida que se aplicam universalmente a toda a área.

Posteriormente, serão elaboradas outras orientações para cada microzona; estas orientações aplicar-se-ão apenas na microzona a que se destinam. As orientações proibirão ou permitirão actividades ou acções específicas. As orientações devem igualmente reconhecer os direitos consuetudinários de utilização e acesso e assegurar a utilização dos recursos tal como reconhecidos noutros textos oficiais (por exemplo, concessões, parques, etc.).

As diretrizes da área protegida podem abordar os seguintes pontos; no entanto, lembre-se de que a simplicidade é preferível e adopte apenas as diretrizes ao nível da área protegida que são necessárias para preservar o seu carácter e alcançar os objectivos estabelecidos e as condições desejadas: Caça e pesca: especificar se estas actividades são permitidas e, em caso afirmativo, especificar para que espécies, em que datas, onde, com que meios e em que quantidade (limite por pessoa, por época ou por dia) e quem pode realizar estas actividades (comunidades locais, caça ou pesca de lazer).

Exploração madeireira: especificar se a exploração madeireira é permitida e, em caso afirmativo, um certo número de diretrizes deve reger as operações que são ecologicamente sustentáveis.

Também neste caso, as diretrizes deverão especificar quem pode explorar a madeira, em que quantidades, quando, onde e quais as espécies (as diretrizes podem indicar quais as espécies que podem ser exploradas ou quais as que não podem, consoante o que for mais simples).

- Recolha de produtos não lenhosos: especificar se é permitida e, em caso afirmativo, que espécies ou produtos podem ser recolhidos, onde, quando, em que quantidades e por que método.
- Veículos motorizados: especificar onde são permitidos, quando e quais as regras aplicáveis (por exemplo, permanecer em estradas reservadas a veículos).
- Recreação não motorizada: definir as regras aplicáveis aos vários tipos de recreação que podem ocorrer na área protegida.
- Estradas: incluir nas diretrizes um mapa das estradas existentes, planeadas e encerradas. Terão de ser tomadas decisões sobre quais as estradas que serão mantidas e quais as que serão permanentemente encerradas. Poderá haver locais onde o tráfego será desencorajado para proteger um aspeto da área protegida e locais onde a

infraestrutura rodoviária terá de ser melhorada para facilitar a gestão ou o turismo.

- Determinar a dimensão dos veículos autorizados e se o volume de tráfego será controlado.

- Corredores económicos: identificar, cartografar e definir a utilização aceitável dos principais corredores para a transferência de bens e serviços.

- Os corredores podem incluir estradas, vias, caminhos, vias navegáveis ou outros meios de transporte de bens e pessoas para efeitos de comércio ou transacções económicas.

- Vias: tal como para as estradas, indicar os meios de transporte autorizados em cada via (por exemplo, peões, bicicletas, cavalos/mulas, motociclos).

- Desenvolvimento de infra-estruturas: incluir um mapa das instalações existentes, tais como torres de transmissão, condutas de água, linhas eléctricas, edifícios, etc., nas orientações para atingir o nível desejado de infra-estruturas na zona protegida.

As orientações em matéria de infra-estruturas deverão ter em conta o desenvolvimento em "corredores construídos", em vez de o fazer de forma aleatória, o que corre o risco de aumentar os impactos negativos, como a fragmentação dos habitats ou a degradação da estética da zona protegida.

Fogo: será permitido acender fogueiras e, em caso afirmativo, especificar quem as pode acender e em que circunstâncias.

- Quais são as regras para apagar incêndios?

- Recursos do património cultural: se existem na zona protegida, quem pode ter acesso a eles, quando e que tipo de rituais podem ser praticados, se for caso disso.

- Minerais e geologia: a prospeção e a extração serão autorizadas?

Actividades turísticas: quem pode trazer turistas para a área protegida, que autorizações são necessárias, que guias são necessários, que taxas serão cobradas, se é permitido acampar, se são permitidas visitas nocturnas, etc.?

Investigação científica: que autorizações são necessárias, que limites de manipulação ambiental são permitidos. **Direitos comunitários e desenvolvimento** :

- Há aldeias que já existem na área protegida, serão autorizadas a permanecer e, em caso afirmativo, que direitos de utilização dos recursos manterão? Como é que as receitas serão partilhadas com as comunidades locais?
- Os residentes locais receberão tratamento preferencial para empregos relacionados com a área protegida?

Se forem previstas excepções numa determinada diretriz, esta deve descrever explicitamente as circunstâncias em que a exceção será concedida e especificar a autoridade que a concederá. Por exemplo, se a captura ou caça de animais na área protegida for proibida pelas diretrizes, o autor pode considerar a possibilidade de redigir uma exceção que autorize a administração do parque a controlar certas espécies para fins de gestão ou a permitir a captura ou abate para fins de investigação científica, desde que sejam obtidas as autorizações correspondentes.

Também é importante notar que as leis já em vigor no país onde a área protegida está localizada podem abordar certas questões ou actividades e a área protegida permanecerá sob a jurisdição dessas leis. Neste caso, estas leis terão de ser referenciadas nas diretrizes; no entanto, as diretrizes podem estabelecer regras mais rigorosas que complementem as leis já em vigor.

As nossas tarefas consistirão em :

1) Nomear e descrever as diretrizes da zona protegida, aplicáveis em toda a zona protegida.

2) Lembre-se que é melhor manter as diretrizes simples. Cada uma delas deve ser utilizada para atingir os objectivos e as condições desejadas que foram previamente determinados. Descreva as eventuais excepções às diretrizes, especificando quem pode beneficiar delas e em que circunstâncias.

Capítulo III: PROCESSO DE PLANEAMENTO (IDENTIFICAÇÃO DAS PARTES INTERESSADAS, PRIORIZAÇÃO DAS ACÇÕES DE PLANEAMENTO E FINANCIAMENTO SUSTENTÁVEL).

3.1. Diretrizes

As diretrizes podem ser concebidas como um conjunto de normas ou regras que se aplicam em toda a AP, descrevendo as actividades que são permitidas ou proibidas. As diretrizes ajudam a garantir que certos aspectos da AP mantenham a sua integridade e que várias actividades se realizem, ou sejam proibidas, de forma a não comprometer os atributos valiosos da AP. Nesta secção, nomear e descrever as diretrizes da AP que se aplicam universalmente a toda a área. Posteriormente, serão redigidas diretrizes adicionais para cada micro-área; estas diretrizes aplicar-se-ão apenas na micro-área a que se destinam. As orientações proibirão ou permitirão actividades ou acções específicas. As orientações devem igualmente reconhecer os direitos consuetudinários de utilização e de acesso e assegurar a utilização dos recursos tal como reconhecidos noutros textos oficiais (por exemplo, concessões, parques, etc.).

As orientações da AP podem abordar os seguintes pontos; no entanto, lembre-se que a simplicidade é preferível e adopte apenas as orientações ao nível da AP que são necessárias para preservar o seu carácter e atingir os objectivos estabelecidos e as condições desejadas: Caça e pesca: especificar se estas actividades são permitidas e, em caso afirmativo, especificar para que espécies, em que datas, onde, com que meios e em que quantidade (limite por pessoa, por época ou por dia) e quem pode realizar estas actividades (comunidades locais, caça recreativa ou pesca recreativa). Exploração madeireira: especificar se a exploração madeireira é autorizada e, em caso afirmativo, um certo número de diretrizes deve reger as operações que são ecologicamente sustentáveis. Também neste caso, as diretrizes devem especificar quem pode extrair madeira, qual a quantidade, quando, onde e quais as espécies (as diretrizes podem indicar quais as espécies que podem ser extraídas ou quais as que não podem, consoante o que for mais simples). Recolha de produtos não lenhosos: especificar se é permitida e, em caso afirmativo, que espécies ou produtos podem ser recolhidos, onde, quando, em que quantidades e por que método. Veículos motorizados: especificar onde são permitidos, quando e quais os regulamentos aplicáveis (por exemplo, permanecer em estradas reservadas a veículos). Actividades recreativas não motorizadas: definir as regras que se aplicam aos diferentes tipos de actividades recreativas que podem ter lugar na HA. Estradas: incluir nas diretrizes um mapa das estradas existentes, planeadas e encerradas. Terão de ser tomadas decisões sobre quais as estradas que serão mantidas e quais as que serão permanentemente encerradas. Poderá haver locais onde o tráfego será desencorajado para proteger um aspeto da AP, e locais onde as infra-estruturas rodoviárias terão de ser melhoradas para facilitar a gestão ou o turismo. Determinar o tamanho dos veículos permitidos e se o volume de tráfego será controlado. Corredores económicos: identificar, cartografar e definir a utilização aceitável de corredores-chave para a transferência de bens e serviços. Os corredores podem incluir estradas, vias, caminhos, vias navegáveis ou outros meios de transporte de bens e pessoas para comércio ou transacções económicas. Vias: tal como para as estradas, indicar que meios de transporte são permitidos em cada via (por exemplo, peões, bicicletas, cavalos/mulas, motociclos).

Desenvolvimento de infra-estruturas: incluir um mapa das instalações existentes, tais como torres de transmissão, condutas de água, linhas eléctricas, edifícios, etc., nas orientações para atingir o nível desejado de infra-estruturas na AP. As diretrizes relativas às infra-estruturas deverão ter em conta o desenvolvimento no interior dos "corredores construídos", em vez de o fazer de forma desordenada, o que poderia aumentar os impactos negativos, como a fragmentação dos habitats, ou prejudicar a estética da AP. Incêndios: serão permitidos incêndios e, em caso afirmativo, quem os pode acender e em que circunstâncias? Quais são as regras para apagar os fogos?

Recursos do património cultural: se existem na AP, quem poderá aceder a eles, quando e que tipo de rituais podem ser praticados, se for caso disso. Minerais e geologia: a prospeção e a extração serão autorizadas? Actividades turísticas: quem pode trazer turistas para a AP, que autorizações são necessárias, que guias são necessários, que taxas serão cobradas, se é permitido acampar, se são permitidas visitas nocturnas, etc.? Investigação científica: que autorizações são necessárias, que limites de manipulação do ambiente são permitidos.

Direitos comunitários e desenvolvimento: existem aldeias já existentes na AP, terão o direito de permanecer e, em caso afirmativo, que direitos de utilização dos recursos manterão? Como serão partilhadas as receitas com as comunidades locais? As populações locais receberão tratamento preferencial nos empregos relacionados com a AP?

Se uma determinada diretriz prevê excepções, esta deve descrever explicitamente as circunstâncias em que a exceção será concedida e especificar a autoridade que a concederá. Por exemplo, se a captura ou caça de animais na AP for proibida pelas diretrizes, o autor pode considerar a possibilidade de redigir uma exceção que autorize a administração do parque a controlar certas espécies para fins de gestão ou a permitir a captura ou abate para fins de investigação científica, desde que se disponha das autorizações correspondentes. É igualmente importante notar que as leis já em vigor no país onde se situa a AP podem tratar de certas questões ou actividades e que a AP permanecerá sob a jurisdição dessas leis. Nesse caso, essas leis terão de ser referenciadas nas diretrizes; no entanto, as diretrizes podem estabelecer regras mais rigorosas que complementem as leis já em vigor.

Um plano de gestão é um documento que define a abordagem e os objectivos de gestão e inclui também um quadro para a tomada de decisões, a aplicar na área protegida durante um determinado período. Atualmente, é fundamental que o planeamento das áreas protegidas consulte o maior número possível de partes interessadas e desenvolva objectivos que possam ser aceites e adoptados por todos os que têm interesse na utilização e sobrevivência da área em causa. Estas orientações, baseadas em boas práticas utilizadas em muitas partes do mundo, fornecem um quadro para os planeadores de áreas protegidas consultarem e adaptarem às suas próprias necessidades e circunstâncias.

O objetivo das presentes orientações é atualizar e alargar as orientações publicadas em 1980 e refletir a evolução e as novas questões que surgiram desde então. Estes desenvolvimentos incluem grandes avanços no direito ambiental internacional, bem como uma maior compreensão científica do papel das áreas protegidas na conservação da natureza, que inclui a conservação da biodiversidade, a manutenção das funções dos ecossistemas e a contribuição para o desenvolvimento sustentável. Tal como a primeira versão de 1980, estas novas orientações para a legislação sobre áreas protegidas destinam-se principalmente aos redactores de legislação que trabalham em estreita colaboração com as autoridades responsáveis pelas áreas protegidas, bem como a outros intervenientes no processo legislativo. Constituirão também um recurso importante para as agências responsáveis pelo acompanhamento e aplicação de políticas e programas que afectam a legislação relativa às áreas protegidas ou vice-versa.

O desenvolvimento de um Plano de Gestão pode ser mais ou menos complexo, dependendo dos objectivos da área protegida, dos riscos e ameaças a esses objectivos, do número de interesses envolvidos, do nível de envolvimento das partes interessadas e das questões exteriores à área protegida. Quer o plano seja simples ou complexo, devem ser aplicados princípios de planeamento razoáveis para orientar o processo de planeamento e garantir que o Plano de Gestão no seu conjunto seja um documento claro e útil. Estas Diretrizes, baseadas em boas práticas utilizadas em muitos locais do mundo, fornecem um quadro para os planeadores de áreas protegidas consultarem e adaptarem às suas próprias necessidades e circunstâncias. Estas diretrizes de planeamento da gestão foram, em geral, redigidas no contexto da gestão por um organismo governamental central, provincial ou local.

3.2.. Ação de gestão

A principal função dos gestores de sítios (protegidos) é gerir o património natural ou cultural de uma zona protegida ou de uma zona sob gestão especial. O gestor supervisiona a proteção e a gestão desse espaço, bem como a promoção, a sensibilização e a mediação do património. Coordena as observações e as acções com vista a preservar a qualidade do património do sítio e a acolher o público .

É o garante da boa gestão das zonas protegidas. Para o efeito, tende a ter uma abordagem territorial cada vez mais desenvolvida, com uma estratégia de gestão fora do sítio. Pode, assim, realizar acções fora do perímetro estrito da zona protegida.

Se o responsável pela gestão e conservação do sítio protegido for também o responsável administrativo e estratégico do mesmo, a descrição das funções deve ser completada com a ficha de funções "gestor do sítio".

3.2.1. Principais tarefas e actividades:

- **Coordenar as missões e actividades de conservação do sítio:**

Organizar o trabalho e acompanhar o progresso, assegurando o cumprimento dos procedimentos da empresa, das regras de segurança em todas as áreas e dos regulamentos,

Gerir uma equipa multidisciplinar e distribuir o trabalho no seu seio,

Organizar e coordenar as actividades de vigilância e de policiamento do ambiente, em colaboração com os serviços competentes (AFB, ONCFS, etc.).

- **Implementação do plano de gestão :**

Apoiar a implementação do plano de gestão através da programação de um plano de ação com a equipa técnica,

Planear o trabalho e controlar a sua realização,

Estabelecer um quadro científico para a aplicação do plano de gestão (acompanhamento científico, recolha e análise de dados),

Realização e/ou participação em missões no terreno (inventários, cartografia das espécies protegidas, acompanhamento científico, obras diversas, etc.), acompanhamento da avaliação do plano de gestão, realização da avaliação e da sua renovação.

3.2.2. Contribuir para o posicionamento estratégico do sítio e da estrutura :

Contribuir para a reflexão sobre o futuro e apresentar propostas estratégicas para a gestão do sítio,

Desenvolver projectos comuns com as diferentes instituições e colectividades territoriais envolvidas no sítio,

Colocar a sua experiência à disposição dos actores institucionais e dos parceiros. Integrar as suas actividades de sítio e de gestão em redes (redes de espaços protegidos, redes científicas e culturais, redes de intercâmbio de práticas),

Representar a organização em reuniões institucionais.

3.3 Micro-zonas

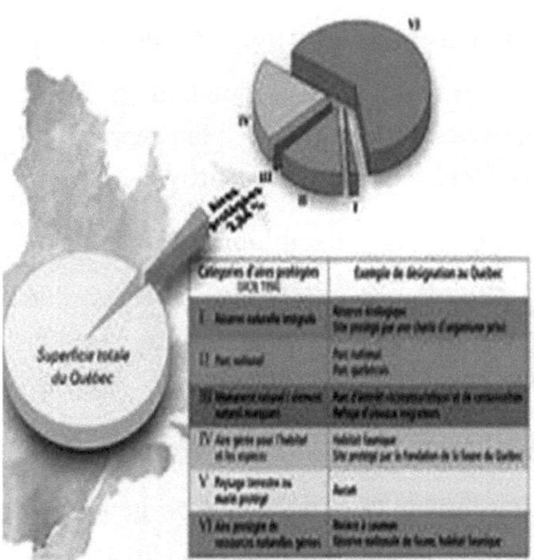

Dentro de uma determinada AP, é provável que **existam** áreas onde a equipa de planeamento decida direcionar diferentes actividades ou concentrar-se em diferentes aspectos oferecidos pela área protegida. Estas áreas são designadas por microzonas e terão de ser delineadas no mapa da AP e as suas caraterísticas definidas nesta secção do plano. Por exemplo, se numa determinada zona estiver previsto um centro turístico, haverá uma maior concentração de pessoas nessa zona. Este tipo de microzona pode ser designado por microzona de descoberta da natureza e a equipa de planeamento pode decidir orientar o desenvolvimento futuro para esta microzona. Outras microzonas podem ser planeadas como zonas tampão entre áreas de elevada atividade humana e áreas que necessitam de proteção contra perturbações humanas. No texto de acompanhamento, fornecer um título para cada microzona e explicar como será gerida e por que razão se justifica uma gestão diferente, definir os objectivos estabelecidos para a zona e descrever as orientações para a microzona. As microzonas não são utilizadas para descrever locais com caraterísticas ecológicas diferentes, mas sim locais com acções de gestão diferentes. Por exemplo, se uma AP inteiramente florestada contém, no entanto, uma mancha de savana, esta área terá de ser descrita como uma microzona, a menos que as diretrizes de gestão para esta área sejam, em certa medida, diferentes das do resto da AP.

Para cada microzona, o texto de acompanhamento deve designar a microzona e explicar os objectivos e orientações de gestão específicos para essa microzona. Para evitar que o plano se torne demasiado complexo e para garantir que seja mais facilmente implementado e aplicado, o número de microzonas deve ser reduzido ao mínimo e não é necessário dividir toda a AP em microzonas. Reservar a atribuição de microzonas para locais que necessitem de proteção especial ou de uma gestão mais rigorosa do que a AP no seu conjunto. Ao decidir se deve incluir uma nova microzona no plano, a equipa de planeamento terá de considerar como a gestão nesse local específico será diferente da gestão no resto da AP ou em qualquer uma das outras microzonas. Não esquecer que as diretrizes para toda a AP serão sempre aplicáveis nas microzonas, a menos que as diretrizes para as microzonas prevejam especificamente a isenção de certas restrições. As diretrizes estabelecidas para a AP não precisam, portanto, de ser repetidas para cada microzona.

Pesca recreativa: para turistas Património ou sítios culturais Zonas urbanizadas ou de grande impacto: para edifícios administrativos, alojamento turístico, etc. Zonas de exploração extractiva: onde a extração de quantidades limitadas de madeira ou de produtos não lenhosos pode ser autorizada de acordo com determinadas orientações

Zonas de aldeias: se existem aldeias na própria AP e se estas serão autorizadas a permanecer.

Diferentes APs necessitarão de diferentes micro-zonas para atingir todas as suas condições e objectivos desejados. Algumas microzonas a considerar para um plano de AP estão listadas abaixo (mais uma vez, mantenha o seu número no mínimo; se não houver uma diferença apreciável nas diretrizes de duas microzonas diferentes, pode ser preferível combiná-las numa única microzona): Zonas de proteção completa: locais totalmente fora dos limites de acesso, talvez com exceção da administração do parque ou da investigação limitada Zonas de caça: onde certas comunidades têm o direito de caçar dentro de certas diretrizes que são especificadas no plano Pesca de subsistência: restrita a

3.4. Aplicação

Um plano de gestão é um documento que define a abordagem e os objectivos de gestão e inclui também um quadro para a tomada de decisões, a aplicar na área protegida durante um determinado período. Atualmente, é fundamental que o planeamento das áreas protegidas consulte o maior número possível de partes interessadas e desenvolva objectivos que possam ser aceites e adoptados por todos os que têm interesse na utilização e sobrevivência da área em causa. Estas orientações, baseadas em boas práticas utilizadas em muitas partes do mundo, fornecem um quadro para os planeadores de áreas protegidas consultarem e adaptarem às suas próprias necessidades e circunstâncias.

O desenvolvimento de um Plano de Gestão pode ser mais ou menos complexo, dependendo dos objectivos da área protegida, dos riscos e ameaças a esses objectivos, do número de interesses envolvidos, do nível de envolvimento das partes interessadas e das questões exteriores à área protegida. Quer o plano seja simples ou complexo, devem ser aplicados princípios de planeamento razoáveis para orientar o processo de planeamento e garantir que o Plano de Gestão no seu conjunto seja um documento claro e útil. Estas Diretrizes, baseadas em boas práticas utilizadas em muitos locais do mundo, fornecem um quadro para os planeadores de áreas protegidas consultarem e adaptarem às suas próprias necessidades e circunstâncias. Estas diretrizes de planeamento da gestão foram, em geral, redigidas no contexto da gestão por um organismo governamental central, provincial ou local. Contudo, adaptamo-nos às suas necessidades e circunstâncias particulares. Estas diretrizes de planeamento da gestão foram, em geral, escritas no contexto da gestão por um organismo governamental central, provincial ou local.

3.5. Referências

É da maior importância o empenhamento numa rede de conservação ambiciosa, interligada e eficaz, baseada em sítios, que represente todas as áreas importantes para a biodiversidade e os serviços ecossistémicos. Esta rede deve ter em conta as funções e responsabilidades de custódia das populações indígenas e das comunidades locais e reconhecer que as suas diferentes utilizações da biodiversidade podem ser compatíveis com uma conservação efectiva.

- *Manifesto de Marselha*

Trabalhamos para estabelecer práticas, normas e políticas que maximizem a eficácia das áreas protegidas e de conservação, promovam a utilização sustentável das paisagens e promovam a justiça e a equidade na conservação. Como consultor oficial do Comité do Património Mundial da UNESCO para a natureza, avaliamos os sítios naturais candidatos a Património Mundial e monitorizamos os já reconhecidos como as áreas protegidas mais importantes do mundo.

3.6. Processo de planeamento da AP

Um plano de gestão de uma área protegida descreve as acções necessárias para garantir que a área protegida cumpra o objetivo para o qual foi criada. O planeamento é o processo através do qual as partes interessadas (membros da comunidade, cientistas, representantes do governo, empresas privadas, etc.) se reúnem para debater e considerar a forma de gerir a terra em benefício das gerações presentes e futuras e para assegurar a sustentabilidade ecológica da terra e dos recursos. Os planos estabelecem orientações e objectivos para a AP durante um determinado período de tempo, independentemente das mudanças de pessoal.

O planeamento das AP pode ser problemático se as questões dentro ou fora da área forem complexas. O planeamento implica uma avaliação dos riscos e previsões de acontecimentos e condições futuras, antecipadas e incertas. Consequentemente, mesmo o melhor plano terá de ser modificado para se adaptar a melhorias nos dados e na informação; a mudanças nas condições sociais, económicas ou outras; a ameaças crescentes; ao papel da AP na paisagem mais vasta, ou aos resultados dos esforços de monitorização. Por conseguinte, os planos são de natureza adaptativa e podem ser modificados ou completamente revistos em qualquer altura.

A natureza do plano e quaisquer alterações ou revisões completas serão o resultado do acompanhamento da AP e de outros factores examinados no plano.

Na fase de planeamento, é essencial reconhecer que nem todos os dados sobre a AP e os seus recursos estarão disponíveis com o nível de pormenor desejado. Isto é verdade para todas as AP do mundo, independentemente dos recursos financeiros e humanos disponíveis para a autoridade de gestão. No entanto, o planeamento de uma AP deve ser feito tendo em conta que o plano pode exigir a recolha de dados específicos e pode ter de ser revisto à luz de novos dados, a fim de se tomarem decisões mais bem informadas. Por conseguinte, é importante não atrasar a elaboração do plano devido à falta de dados.

Os planos de AP em todo o mundo variam consideravelmente no seu conteúdo e no seu nível de pormenor e complexidade. À medida que o processo de planeamento se desenrola, convém lembrar que os planos mais simples são frequentemente planos mais eficazes. As hipóteses de o plano ser amplamente lido e compreendido pelos intervenientes locais, e as hipóteses do seu envolvimento no processo, serão maiores se o plano for conciso, se se concentrar no que é importante para proteger a AP e os recursos que contém, e se for expresso em linguagem clara, tanto científica como jurídica. Esta abordagem também facilitará a implementação do plano.

3.6.1. Processo de planeamento de áreas protegidas

As secções seguintes descrevem os elementos do processo de planeamento do PA, incluindo os elementos do desenvolvimento do plano de PA, como estes elementos podem ser desenvolvidos e outras considerações sobre o processo de planeamento e o desenvolvimento do plano. Além disso, muitas destas secções incluem "tarefas" - acções esperadas dos parceiros de implementação do CARPE e utilizadas pela USAID/CARPE como ferramentas de monitorização para medir o progresso.

Planeamento de áreas protegidas no contexto do CARPE O processo de planeamento da AP deve demonstrar como a comunidade, os parceiros de implementação do CARPE e outros intervenientes relevantes: 1) avaliaram e analisaram as actividades, recursos, usos e tendências na AP em questão; 2) desenvolveram e formularam objectivos e condições desejadas para a AP; 3) consultaram, colaboraram e consideraram os intervenientes no desenvolvimento do plano; e 4) orientaram as actividades de gestão para alcançar as condições desejadas e os objectivos prioritários com a participação dos intervenientes relevantes.

Embora possa variar em maior ou menor grau a nível nacional, na África Central o ciclo de vida típico de um plano será normalmente de 5 a 10 anos, com acompanhamento e avaliação anuais. Esta monitorização e avaliação determinarão se as condições ou necessidades mudaram o suficiente para justificar a atualização do plano, ou se os pressupostos feitos durante o processo de planeamento estão corretos.

Estes planos são exigidos no âmbito das actividades do programa CARPE e destinam-se a incentivar a colaboração entre as agências de saúde, a concentrar esforços nas prioridades e a estimular os processos de planeamento em toda a região.

3.6.1.1. Fases do processo de planeamento

Os passos seguintes constituem a base do processo de planeamento da AP: 1. Identificar a equipa de planeamento e definir funções 2. Analisar o processo legislativo existente para a aprovação do plano de gestão da AP 3. Recolher dados a. Definir as caraterísticas dos recursos e das condições da AP (esta etapa implica uma síntese dos conhecimentos actuais sobre a AP e a sua envolvente; o texto sobre estas caraterísticas da AP deve ser limitado e preciso; o plano não é um documento de investigação) b. Demarcar a AP (esta etapa deve ter lugar durante o processo de macro-zonagem no âmbito do planeamento da paisagem; no entanto, pode ser necessário definir os limites da AP com maior precisão) c. Identificar outros intervenientes (grupos que os planeadores podem não conhecer inicialmente e grupos com interesse na AP que não residem na área imediata) d. Avaliar o estatuto jurídico da AP (proposta, reconhecida, nem uma nem outra) e. Identificar tendências nas condições dos recursos, utilização pela população local.

3.6.1.2 Identificação do planeamento e definição de funções

f. Identificar as lacunas de informação significativas 4. Especificar os métodos de participação do público 5. Definir as condições e objectivos desejados, descrevendo as condições desejadas para a AP 6. Definir diretrizes de utilização dos recursos para toda a AP 7. Identificar microzonas e regiões que requerem uma gestão especial e definir objectivos e diretrizes para cada uma delas 8. Obter a aprovação formal ou o aval do plano 9. Implementar o plano 10. Acompanhamento e avaliação

11. Rever e atualizar o plano à medida que a informação melhora, que as condições se alteram e que a monitorização produz resultados.

Esta descrição incluirá uma análise das funções e responsabilidades das várias partes envolvidas na execução do plano; a estratégia de participação do público; a abordagem de acompanhamento e avaliação do plano e um calendário de execução plurianual que estabelecerá o programa previsto de acções de gestão para facilitar um planeamento mais pormenorizado do trabalho.

Esta secção deve especificar as diferentes funções e responsabilidades dos organismos públicos e de outras organizações na administração do plano. Várias instituições serão responsáveis por acções associadas à implementação do plano, tais como a conceção e aprovação de projectos, a implementação de projectos, a orçamentação e a monitorização. A execução das acções de gestão do plano terá de cumprir o quadro jurídico do país, que inclui leis e regulamentos aplicáveis e segue protocolos específicos administrados por instituições governamentais. Nesta secção, descrever quem será responsável por cada ação de implementação do plano.

Devido à capacidade de gestão e aos recursos limitados dos ministérios que são as autoridades estatutárias, a gestão efectiva da AP e dos seus recursos caberá frequentemente a uma série de interessados na paisagem. Os ministérios e departamentos governamentais, as organizações de conservação e outras ONG, o sector privado e as comunidades locais trarão uma série de capacidades e recursos para ajudar a implementar o plano. Devido a esta natureza incerta, será, pois, importante criar (ou reforçar) as equipas de gestão e de aconselhamento pertinentes e atribuir a responsabilidade pelos aspectos de execução direta do plano a indivíduos ou organizações com as competências e os recursos necessários para os assumir.

3.6.1.3. Analisar o processo legislativo existente para a aprovação do **plano de gestão da AP**

Fazer leis é uma das maiores responsabilidades do Parlamento. Por conseguinte, não é surpreendente que o processo legislativo ocupe uma grande parte do tempo dos deputados. As fases legislativas descritas a seguir são os elos finais de um processo muito mais longo que começa com a proposta, a formulação e a redação de um projeto de lei.

No caso dos projectos de lei do Governo, a redação é confiada ao Ministério da Justiça, que seguirá as diretivas do Conselho de Ministros.

Os deputados que não fazem parte do Gabinete e que não são Secretários Parlamentares podem apresentar projectos de lei para apreciação no âmbito do "Private Members' Business". Estes projectos de lei são geralmente redigidos em nome de um deputado por um consultor legislativo contratado pela Assembleia.

3.6.2. Tipos de facturas

Existem duas categorias principais de projectos de lei: os projectos de lei públicos e os projectos de lei privados. Os projectos de lei públicos tratam de assuntos de interesse nacional, enquanto os projectos de lei privados visam conceder poderes, vantagens especiais ou isenções a uma ou mais pessoas, incluindo pessoas colectivas. A maioria dos projectos de lei apreciados pela Câmara dos Comuns são projectos de lei públicos.

Os "projectos de lei do Governo" são projectos de lei públicos apresentados pelos ministros e os "projectos de lei dos deputados privados" são projectos de lei apresentados por deputados privados.

3.6.2.1. Recolha de dados

Um processo em quatro fases

(1) Preparação

Esta primeira etapa permitiu a criação de uma unidade de planeamento pluridisciplinar, composta por quadros superiores do DCRHM, representantes das comunidades locais e da sociedade civil e peritos do Departamento Técnico e Científico. Esta unidade envolveu um total de 35 pessoas.

(2) Recolha de dados

A recolha de dados foi efectuada de forma participativa e inclusiva, em conformidade com as orientações da **Comissão Mundial das Áreas Protegidas**, bem como com as regras e princípios. Uma primeira série de dados foi recolhida no decurso de workshops e de grupos de discussão e de consulta com os diferentes actores dos territórios.

Em seguida, foi efectuado um levantamento da vida selvagem na área protegida para conhecer os seus valores culturais e de vida selvagem.

Uma vez recolhidos os dados, a equipa do Departamento Técnico e Científico da Direção Geral e a unidade de planeamento do sítio, em colaboração com Kinshasa, analisaram os dados e elaboraram o plano. O objetivo deste envolvimento do pessoal do estaleiro era tornar os intervenientes co-responsáveis e fazer sobressair a inteligência colectiva do serviço, em particular, e do Ministério do Ambiente, em geral.

Uma vez que a reserva não dispõe de dados actualizados, este exercício revelou-se fascinante, pois todos estavam interessados em saber mais sobre o estado da fauna da zona. Estas discussões levaram os peritos a refletir e a fazer escolhas estratégicas sobre o desenvolvimento da reserva e a formulação dos objectivos do plano de gestão.

Para além das áreas de conservação, o exercício de cartografia identificou áreas críticas ou altamente degradadas, áreas de uso tradicional ou áreas com pouca degradação, áreas de exploração artesanal de madeira ou áreas anteriormente exploradas por empresas florestais e áreas turísticas.

Outras fontes de informação provenientes de produtos de estudo ou de trabalhos realizados simultaneamente na paisagem por (parceiro do projeto) foram depois utilizadas para aprofundar estas análises. Estas incluíram os relatórios sobre a criação do grupo de trabalho de governação, o relatório sobre o inquérito de diálogo sobre a utilização das terras e a avaliação das oportunidades de recuperação da paisagem.

(3) Validação local

Os membros do grupo de trabalho sobre a governação representavam 20% dos participantes. As comunidades locais foram representadas por associações de utilizadores de recursos naturais. Cerca de 49% eram agricultores, 14% caçadores, 9% madeireiros e 8% pescadores. Os outros grupos de partes interessadas presentes eram professores, líderes religiosos, chefes de terra e de costumes, jovens e pessoal de saúde (34%).

Utilizando um formulário de avaliação sobre o grau de utilização de boas e más práticas de gestão dos recursos naturais na paisagem, este seminário foi também uma oportunidade para gerar outros tipos de dados e para avaliar a influência do projeto nas atitudes e comportamentos da população local. Esta avaliação foi realizada de forma participativa em cada sector administrativo abrangido pela área protegida. Globalmente, mostrou que a utilização das práticas de gestão dos recursos naturais tinha mudado em muito poucos sectores administrativos. Embora as pessoas tenham conhecimento do Projeto PLUS graças às actividades de sensibilização, ainda não se verificou uma grande influência no comportamento dos utilizadores dos recursos naturais no sentido de abandonarem as más práticas ou adoptarem boas práticas.

(4) Validação a nível nacional

O plano de desenvolvimento e gestão foi depois apresentado a outras partes interessadas num seminário realizado em Kinshasa em dezembro de 2019. Este seminário de validação contou com a presença de deputados nacionais, administradores e representantes territoriais, representantes de organizações não governamentais envolvidas na paisagem, bem como o chefe do sítio. Os deputados e administradores presentes congratularam-se com a pertinência do plano de gestão e comentaram os nomes de certas aldeias e os limites dos sectores antes de o validarem.

A presença de membros da Assembleia Nacional no seminário conferiu-lhe um significado acrescido ao envolver os actores do poder legislativo da RDC. Os comentários dos participantes foram incorporados por uma pequena equipa de peritos. O documento completo está disponível e foi apresentado ao

Diretion Générale d A DCRHM é a sexta área protegida da RDC a ter um plano de desenvolvimento e gestão validado a nível local e nacional por todas as partes interessadas.

3.6.2.2. Um projeto para o futuro

O grupo de trabalho de governação liderado pela comunidade é especificamente reconhecido no plano de gestão como sendo responsável pela governação da área protegida a nível local, aumentando o poder local e permitindo que a população local faça valer os seus direitos em toda a paisagem.

O sucesso do processo que levou ao desenvolvimento deste plano de gestão pode influenciar outros na rede de áreas protegidas da RDC. Vários parques e reservas nacionais estão a desenvolver ou a rever os seus planos de gestão. As lições aprendidas com o processo servirão como um modelo valioso que pode ser replicado noutras áreas protegidas.

3.6.3. Definir o papel da equipa de planeamento

O papel do gestor de desenvolvimento da estratégia pode ser dividido nas três funções seguintes:

1. Orientar os administradores do Conselho de Administração e a direção na tomada de decisões sobre novas orientações ou áreas de desenvolvimento;
2. Assumir ou apoiar consultas internas ou de parceiros;
3. Realização de uma análise detalhada para identificar oportunidades com base em dados internos ou dados do próprio ambiente da organização (concorrência, necessidades dos clientes, mudanças sociais e ambiente económico);

Uma vez aprovada a estratégia, dirigir ou supervisionar a execução de projectos específicos.

Quer se trate de um comité ou de uma pessoa nomeada para este papel, uma compreensão clara destas funções ajudará a clarificar as expectativas do Conselho de Administração, que será responsável pela aprovação final do plano estratégico.

a) Principais responsabilidades e tarefas

Este papel envolve responsabilidades e tarefas, as principais das quais são descritas de seguida. O âmbito de cada uma delas pode variar em função da dimensão e da situação atual da organização e dos riscos e questões associados (por exemplo, financeiros, de continuidade, tecnológicos, de recursos humanos, de responsabilidade social e éticos).

1. Trabalhar com os membros superiores da administração para determinar os objectivos estratégicos num processo de colaboração e inclusivo e desenvolver planos de ação que alinhem os objectivos a médio prazo com a estratégia a longo prazo;
2. Avaliar os sistemas em vigor e as melhorias necessárias, bem como a necessidade de modificar estruturas, processos, práticas e métodos de avaliação;
3. Documentar dados sobre as necessidades e contribuições dos vários parceiros, a fim de apoiar a atualização dos acordos e estratégias com cada um deles;
4. Estabelecer a necessidade de criar ferramentas de business intelligence ou bases de dados para dar aos decisores acesso a informações relevantes, permitindo um acompanhamento ótimo do desempenho e reforçando a capacidade de elaboração de relatórios;
5. Especificar os vários projectos a realizar para criar as alterações necessárias;
6. Conceber um plano de comunicação para comunicar eficazmente a nova estratégia, as iniciativas futuras e os resultados previstos;
7. Preparar uma apresentação (e/ou relatório) para apresentar ao Conselho de Administração

sobre a estratégia proposta, a justificação das opções tomadas e o plano de ação com o respetivo calendário.

b) Competências e experiência desejadas

Estas responsabilidades e tarefas estão em conformidade com a abordagem geral utilizada para realizar o planeamento estratégico. Para garantir o êxito, o desenvolvimento de uma estratégia requer uma combinação de competências e experiência por parte do chefe de projeto ou do comité designado.

No domínio da **educação,** perguntamos normalmente:

- um diploma universitário, ou formação ou experiência profissional equivalente e/ou uma designação profissional.

Para a **experiência**, estamos à procura de :

- gestão/execução bem sucedida de projectos comparáveis no mesmo ambiente, ou desenvolvimento de planos de crescimento, ou projectos de fusão ou consultoria de gestão;

1. experiência do ambiente, com dados documentais sobre as necessidades e contribuições dos vários parceiros, para apoiar a atualização dos acordos e estratégias com cada um deles;
2. Estabelecer a necessidade de criar ferramentas de business intelligence ou bases de dados para dar aos decisores acesso a informações relevantes, permitindo um acompanhamento ótimo do desempenho e reforçando a capacidade de elaboração de relatórios;
3. Especificar os vários projectos a realizar para criar as alterações necessárias;
4. Conceber um plano de comunicação para comunicar eficazmente a nova estratégia, as iniciativas futuras e os resultados previstos;
5. Preparar uma apresentação (e/ou relatório) a apresentar ao Conselho de Administração sobre a estratégia proposta, a

fundamentação das escolhas feitas e o plano de ação com calendário.

Documentar dados sobre as necessidades e contribuições dos vários parceiros, a fim de apoiar a atualização dos acordos e estratégias com cada um deles;

1. Estabelecer a necessidade de criar ferramentas de business intelligence ou bases de dados para dar aos decisores acesso a informações relevantes, permitindo um acompanhamento ótimo do desempenho e reforçando a capacidade de elaboração de relatórios;
2. Especificar os vários projectos a realizar para criar as alterações necessárias;
3. Conceber um plano de comunicação para comunicar eficazmente a nova estratégia, as iniciativas futuras e os resultados previstos;
4. Preparar uma apresentação (e/ou relatório) para apresentar ao Conselho de Administração

   sobre a estratégia proposta, a justificação das opções tomadas e o plano de ação com o respetivo calendário.

c) Competências e experiência desejadas

Estas responsabilidades e tarefas estão em conformidade com a abordagem geral utilizada para realizar o planeamento estratégico. Para garantir o sucesso, o desenvolvimento de uma estratégia requer uma combinação de competências e experiência por parte do chefe de projeto ou do comité designado.

No domínio da **educação,** perguntamos normalmente:

- um diploma universitário, ou formação ou experiência profissional equivalentes e/ou uma designação profissional.

Para a **experiência**, estamos à procura de :

- gestão/execução bem sucedida de projectos comparáveis no mesmo ambiente, ou desenvolvimento de planos de crescimento, ou projectos de fusão ou consultoria de gestão;

- experiência no domínio, **competências/habilidades,** é necessário ter em conta :
- Liderança realizada e proactiva, agilidade, confiança;
- Comunicador forte e articulado que se destaca por atuar com visão e colaboração;
- Capacidade para interagir com parceiros e iniciar discussões sobre estratégias;
- Bom discernimento, capacidade de síntese e de encontrar soluções para os problemas.

Existem muitas ferramentas que os seus consultores de gestão podem utilizar para recrutar os candidatos certos. Dedicar algum tempo a descrever o perfil do gestor ideal ajudá-lo-á a enquadrar as acções e o processo de planeamento estratégico.

3.7. Participação das partes interessadas

Por gestão participativa ou cogestão das zonas protegidas entende-se uma forma de parceria que permite às diferentes partes interessadas partilhar as funções, os direitos e as responsabilidades relativas à gestão de um território ou de um conjunto de recursos que beneficiam de um estatuto de proteção.

O termo gestão participativa, que designa o mesmo que cogestão ou gestão conjunta. Gestão multiparceiros ou acordo de gestão conjunta, que descreve uma forma de parceria.
No âmbito do qual todas as partes interessadas acordam em partilhar as funções, direitos e responsabilidades de gestão de uma parte do território ou dos recursos.

A gestão participativa significa o reconhecimento da legitimidade das comunidades sem a gestão do ambiente natural. As partes interessadas estão conscientes do seu papel na gestão da área protegida e possuem conhecimentos e competências que lhes permitem contribuir para a gestão.

3.8. Princípios orientadores

- As pessoas afectadas por uma decisão podem influenciar o seu conteúdo
- Em princípio, a participação aumenta a qualidade das decisões
- A partilha do poder de decisão aumenta a fidelidade dos jogadores a essa autoridade
- O tempo investido na tomada de decisões é compensado pelo tempo mais curto necessário para a implementação
- É dada prioridade ao grupo como unidade de decisão
- Os gestores continuam a ser plenamente responsáveis
- Abertura de espírito
- Respeito pelas pessoas
- transparência
- confiança mútua
- fé nas capacidades e conhecimentos das pessoas.

3.9. Etapas da elaboração de um plano de desenvolvimento

As fases de elaboração de um plano de desenvolvimento são :

Formar a equipa de planeamento: esta deve incluir pessoas com experiência em planeamento, ecologia, sociologia, economia e outros domínios científicos. Deve também incluir as autoridades da área protegida e as pessoas que a gerem, bem como as pessoas que serão afectadas pelo plano. A equipa deve consultar cientistas, educadores, peritos em turismo, proprietários de concessões e pessoas que vivem na área protegida e nas suas imediações.

Estabelecer os objectivos da zona protegida: enumerar e analisar as razões originais para a criação da zona protegida e, se necessário, atualizar os objectivos para refletir as condições actuais. Sempre que possível, estabelecer prioridades para estes objectivos.

Recolher a informação existente: esta deve incluir uma lista da legislação em vigor, bem como dados biofísicos, culturais e socioeconómicos.

Comece a compilar informações de forma organizada para que seja fácil encontrá-las quando for necessário tomar novas decisões.

Obtenção de novas informações: depois de identificar as informações existentes, actualizá-las, se necessário, com novos dados, utilizando, por exemplo, as técnicas apresentadas neste manual. O capítulo 2 apresenta informações a procurar. Certifique-se de que a conceção da base de dados permite facilmente a inclusão de novas informações.

Estimar os condicionalismos da gestão: as limitações ambientais, económicas, políticas, administrativas e jurídicas devem ser reconhecidas e analisadas. É preciso ser muito realista.

Estudar as inter-relações regionais: a área protegida deve ser um elemento integrado do uso do solo e o plano de desenvolvimento deve ser concebido em conformidade. Considerar os efeitos potenciais do desenvolvimento externo sobre os recursos da área protegida, bem como o impacto da área protegida sobre a região. Estudar os limites da zona protegida: considerar as alterações dos limites em resultado de factores ecológicos, culturais, socioeconómicos ou administrativos.

Determinar as zonas de gestão adequadas: determinar as intensidades de gestão nas diferentes zonas, diferenciando, por exemplo, entre uma "zona central" estritamente protegida e uma zona-tampão com utilizações múltiplas, etc.

Desenvolver planos de ação detalhados: uma vez alcançado o acordo global sobre os novos objectivos para a área protegida, delinear em pormenor os planos de ação necessários para atingir os objectivos. Os planos de ação devem descrever em pormenor quem vai realizar o trabalho e como vai ser feito. Deve haver planos para cada uma das seguintes categorias: gestão e proteção dos recursos; utilização humana; investigação e monitorização; e administração.

Planos de ação integrados para criar opções de desenvolvimento integrado: estudar as infra-estruturas e os financiamentos necessários para realizar os diferentes programas.

Definir os requisitos financeiros: determinar os custos das várias propostas de planeamento e identificar potenciais fontes de financiamento.

Preparar e distribuir um projeto de plano para comentários.

Analisar e avaliar o plano com base nas reacções das partes interessadas.

Elaboração de planos de ação e de calendários.

Preparar, publicar e divulgar o plano final.

Acompanhar e rever regularmente o plano e as actividades de gestão, com base na experiência prática.

3.10. Clarificação de conceitos

3.10.1. Partes interessadas

Uma parte interessada é um ator individual ou coletivo (grupo ou organização) que pode ser afetado ou estar interessado na gestão de uma área protegida, mesmo que não seja diretamente afetado pelo impacto das actividades na área protegida.

De um modo geral, a equipa de planeamento deve utilizar métodos para envolver as partes interessadas no planeamento e gestão da área protegida para obter bons resultados, e também garantir que os pontos de vista das partes interessadas são incorporados no plano da área protegida a todos os níveis possíveis.

Se tivermos em conta os pontos de vista das partes interessadas, se criarmos um sentimento de responsabilização entre os membros da comunidade local e se alargarmos a audiência das partes interessadas, envolvendo-as nas discussões e decisões de planeamento, podemos melhorar as hipóteses de sucesso do plano e da sua execução.

Assim, para aumentar a probabilidade de sucesso a longo prazo, é essencial que as comunidades locais obtenham benefícios tangíveis diretamente da existência da área protegida.

3.10.2. Definição de prioridades para as acções de planeamento

A definição de prioridades pode ser definida como o planeamento das acções na sua agenda por ordem de urgência e importância. Dar prioridade às tarefas torna-o mais produtivo.

3.10.3 Financiamento sustentável

O financiamento sustentável é o conjunto de actividades financeiras destinadas a melhorar os interesses da comunidade, da entidade ou da área protegida a longo prazo.

3.10.4 Objetivo

O objetivo deste trabalho é enriquecer e completar a nossa formação em gestão de áreas protegidas.

3.11. Metodologia de trabalho

Para realizar este trabalho, lemos uma série de documentos disponíveis, nomeadamente livros e revistas, e consultámos também alguns sítios Web.

3.12. Desenvolvimento

3.12.1. Processo de planeamento de Áreas Protegidas (AP)

Um plano de gestão orienta e controla a gestão dos recursos da área protegida, as utilizações da área e o desenvolvimento das infra-estruturas necessárias à gestão e utilização. Determina o desenvolvimento das actividades e acções de gestão a realizar numa área e especifica os mecanismos de avaliação do sucesso ou insucesso dessas actividades. No centro do plano está uma declaração de metas e objectivos mensuráveis para orientar o trabalho dos gestores. Estas metas e objectivos formam o quadro para determinar as acções a realizar, quando serão realizadas, e o orçamento e o pessoal necessários. O plano deve descrever a necessidade de formação especializada, de modo a que a equipa seja competente e saiba quando deve proceder a alterações. Um plano de desenvolvimento é redigido para um período específico, normalmente cinco anos, no fim do qual é avaliado e alterado. Os planos de trabalho anuais são desenvolvidos durante a fase de implementação, utilizando o plano de longo prazo como guia.

O plano de desenvolvimento deve ser suscetível de ser alterado à medida que forem surgindo novas informações. Deve ser particularmente sensível à avaliação das acções empreendidas em planos anuais anteriores.

3.12.2 Identificação das partes interessadas

O envolvimento das partes interessadas exigirá, em primeiro lugar, que a equipa de planeamento identifique as partes interessadas e os métodos de troca de informações entre elas e a equipa. Ao envolver as partes interessadas, é necessário ter em conta os seguintes pontos:

Nomes dos principais participantes, especificando o grupo ou grupos de partes interessadas que representam.
Identificar os grupos que são fundamentais para as decisões sobre o uso da terra, que têm um impacto sobre a AP ou que beneficiam dos recursos nela existentes. Durante o processo de identificação, procurar contactar aqueles que trabalham numa área não relacionada com os recursos naturais e que podem ajudar a fornecer informações úteis ou que podem conhecer outros indivíduos ou partes interessadas relevantes (por exemplo, trabalhadores da saúde ou professores que podem conhecer indivíduos ou organizações que podem contribuir significativamente para o processo de planeamento da paisagem). Incluir nas partes interessadas representantes do governo central e provincial, bem como autoridades tradicionais.

Considerar a inclusão de grupos étnicos e religiosos, empresas de extração de madeira, empresas de turismo, empresas do sector do turismo, etc.

empresas mineiras, ONG (locais, regionais e nacionais), organismos públicos, sociedade civil, caçadores, pescadores, madeireiros, agricultores, utilizadores de água, investigadores e outros grupos com interesse na AP.

Ter em conta as actividades realizadas fora da AH que possam ter impacto nos seus recursos, identificando os grupos ou indivíduos que supervisionam essas actividades.

Estão previstos desenvolvimentos ou infra-estruturas na AP, tais como melhoramentos de estradas? Quem supervisiona estas actividades e toma decisões sobre a localização das estradas?
Tendo em conta as prioridades e tendências da AP, decidir quais os intervenientes que são críticos para a revisão das prioridades e decisões de planeamento da AP. Há grupos de actores que ameaçam os recursos críticos da AP?

Existe um risco de conflito entre os interesses de algumas das partes interessadas?
Existem autoridades influentes a operar ou a residir na AP ou nos arredores?

Quais são os interesses das partes interessadas que se podem opor às decisões de microzonagem?

Estas perguntas podem ajudar a identificar as partes interessadas e a determinar a ordem de prioridade do seu envolvimento.
Quem são as partes interessadas numa área protegida?

Os interessados numa AP variam de acordo com a história, os recursos, as condições socioeconómicas e outros aspectos da AP e dos seus arredores. Os interessados numa determinada AP podem incluir :
a. Aldeões que vivem dentro ou perto dos limites da AP
b. Comunidades mais afastadas da AP que dependem, em certa medida, dos seus recursos ou que passam por ela. c. Autoridades tradicionais.
d. Representantes governamentais a nível nacional, regional e local
e. Grupos excluídos que nem sempre podem exprimir-se nos grupos acima referidos
f. Indivíduos que reivindicam direitos ancestrais à terra
g. Indústrias extractivas, quer operem dentro da própria AP ou fora dos seus limites h. ONG locais

i. A comunidade internacional e as ONG

k. O sector do turismo, etc.

3.12.3. Estratégias de participação das partes interessadas

O processo de planeamento da AP envolverá uma série de interessados, com diferentes níveis de participação. Pode ser necessário utilizar diferentes estratégias para envolver os actores. Identificar os métodos de troca de informação entre os interessados e a equipa de planificação. Os pontos seguintes devem ser incluídos ou tidos em conta aquando do envolvimento dos diferentes interessados:

Determinar a forma como o pessoal de planeamento comunicará com as partes interessadas (ou seja, reuniões individuais e/ou de grupo na paisagem e/ou num local central) e especificar quais os grupos de partes interessadas, caso existam, que serão tratados de forma diferente e porquê.

Pense se todas as partes interessadas poderão dedicar tempo suficiente para participar no processo de planeamento da AH. Se não puderem participar em sessões de grupo organizadas, e se a sua participação for essencial para o êxito do processo de planeamento, considere a possibilidade de os manter informados através de comunicações pessoais.

Explicar como é que a informação será trocada e como é que os conceitos serão comunicados às diferentes partes interessadas. Isto é particularmente importante para a população local, uma vez que muitos têm pouco ou nenhum acesso a mapas, dados e relatórios e alguns podem ter um baixo nível de educação.

Definir o objetivo geral de cada comunicação com as partes interessadas; por exemplo, troca de informações, recolha de dados, tomada de decisões, etc.

Considerar a forma como os representantes das partes interessadas irão coordenar a equipa de planeamento da AS e os respectivos grupos para garantir que a informação e os pontos de vista são devidamente transmitidos e recebidos. Definir tópicos específicos de conversa para cada grupo de partes interessadas e para transmitir conceitos ao grupo como um todo. Incluir terminologia bem definida para reduzir a confusão durante o processo de planeamento.

Indicar quais as línguas que serão utilizadas nos documentos escritos e na comunicação oral e de que forma a equipa de planeamento irá responder às necessidades de tradução.

Assegurar que todos os participantes compreendem o processo de planeamento e o seu papel no mesmo.

É desejável atingir um elevado nível de participação das partes interessadas durante o processo de planeamento.

***Envolvimento das partes interessadas**

O empenhamento dos actores envolvidos é particularmente importante para

O ambiente, onde a interligação dos aspectos relacionados com o mar faz com que as acções num determinado domínio tenham impacto noutro. A parceria com as comunidades locais justifica-se também pela legitimidade de vários interesses comuns na gestão, como a exploração da pesca tradicional.

A participação gera confiança e segurança entre as partes envolvidas e ajuda a criar consensos. Assegura que as perspectivas locais são compreendidas, que as preocupações locais são tidas em conta e que os conhecimentos locais são utilizados. O envolvimento dos actores mobiliza e reforça a capacidade local, evita conflitos e gera um clima social de colaboração, tornando os esforços de conservação mais eficazes, úteis e sustentáveis. Nas P.A.s, a participação ajuda a construir uma visão partilhada com os intervenientes locais relativamente à conservação e ao desenvolvimento sustentável. Encoraja a colaboração local na proteção da área e confere um sentimento de orgulho e de propriedade sobre o sítio. A participação pode significar a diferença entre proteger estritamente uma A.P. atrás das suas vedações ou integrá-la na cultura, costumes e regulamentos locais, encorajando a criação de uma sociedade sustentável à sua volta.

Na perspetiva do desenvolvimento sustentável, a participação traz a dimensão social para os objectivos económicos e as preocupações ecológicas relacionadas com a utilização dos recursos naturais. É essencial numa perspetiva de sustentabilidade. A sua integração na gestão das áreas protegidas constitui um teste ao desenvolvimento sustentável, nomeadamente através dos programas de transferência de gestão dos recursos naturais criados pelos actores da conservação.

Benefícios da participação.

- Permite o desenvolvimento de uma visão partilhada e o compromisso com um objetivo

Comum

- Permite a identificação de prioridades partilhadas e de acções realistas
- Cria confiança entre diferentes grupos e evita conflitos
- Dá legitimidade aos processos de conservação
- Permite compreender e integrar os pontos de vista locais - Utiliza os conhecimentos locais e fornece novas fontes de informação
- Utiliza e reforça a capacidade local existente
- Cria sinergias positivas
- Reforça as capacidades locais e cria capital social
- Melhora a eficiência das actividades acordadas
- Reforça a estabilidade, a continuidade e a sustentabilidade do processo

A participação não substitui o processo de decisão, mas ajuda a estabelecê-lo e contribui para o seu êxito. O planeamento e a gestão devem avaliar quais as questões que devem ser tratadas apenas a nível nacional e central e quais as que devem ser tratadas a nível local. Para o efeito, a participação dos interessados não significa que as autoridades competentes deleguem ou percam os seus poderes de decisão ou responsabilidades.

3.12.4. Definição de prioridades para as acções de planeamento

Embora seja ideal investir um grande esforço em cada fase do processo de planeamento, bem como nas actividades de implementação e monitorização, a realidade dos recursos financeiros e humanos limitados, bem como muitos outros desafios empresariais na região, impedirão as equipas de planeamento e as autoridades de atingir estes níveis perfeitos de ação de planeamento.

Por conseguinte, é importante que a equipa de planeamento siga um processo de definição de prioridades ao longo das fases de planeamento, execução e monitorização. As etapas essenciais para priorizar os recursos de forma eficaz são a recolha de dados, a execução do plano e a monitorização. Uma avaliação honesta dos fundos disponíveis e do custo de actividades específicas determinará o que a equipa de planeamento pode realisticamente fazer. A equipa de planificação e/ou a administração da AP devem identificar as principais ameaças que a AP enfrenta, as oportunidades que a AP oferece e avaliar as organizações parceiras que podem ou podem complementar as acções tomadas pela administração da AP.

3.12.5. Financiamento sustentável

As necessidades financeiras devem ser sublinhadas aqui: determinar os custos das várias propostas de planeamento e identificar potenciais fontes de financiamento.

O plano definido deve conduzir à elaboração de um plano comercial ou financeiro que especifique as fontes de eventuais receitas, especificando as parcerias, o orçamento, a partilha de custos e a libertação de fundos para ajudar a executar o plano, fundos esses que devem ser utilizados, nomeadamente, para operações e campanhas de angariação de fundos. *Objetivo geral

Assegurar a viabilidade financeira a longo prazo dos sistemas nacionais de Áreas Protegidas de um país. Estabelecer capacidades, quadros institucionais e mecanismos modelo para a viabilidade financeira a longo prazo dos sistemas de AP.

***Fonte de financiamento**

Das taxas de entrada às concessões turísticas: um circuito que exclui as populações locais ;

As taxas de entrada são uma fonte comum de financiamento das áreas protegidas.

Oportunidades na luta contra as alterações climáticas e os fundos de carbono. Financiamento externo: fundações/dívida da natureza/fundos fiduciários: Entre os financiamentos externos, abordaremos em primeiro lugar as fundações, os swaps de dívida da natureza e *os fundos fiduciários*. A tendência atual a nível mundial é combinar estes três instrumentos numa única ferramenta de financiamento sustentável.

Em parceria com :

Em geral, deve ter parceiros que tenham trabalhado com ela e que disponham de recursos financeiros para cumprir os objectivos do plano de gestão, a fim de conservar a biodiversidade de um ecossistema (AP).

No entanto, o plano final deve conduzir ao desenvolvimento de um plano comercial ou financeiro que especifique as potenciais fontes de receitas, delineando parcerias, o orçamento, a partilha de custos e a libertação de fundos para ajudar a implementar o plano, a utilizar em particular para operações e campanhas de angariação de fundos.

Conclusão

Diz-se que "o fim de uma coisa é melhor do que o seu princípio", e que a fogueira arderá se cada um trouxer um pedaço de lenha. Ao empreender este trabalho, que marca o fim da nossa investigação sobre o tema intitulado: De la question approfondie d'aménagement; Cas de la République Démocratique du Congo pelo autor SHONGO YONGA Jean, associado aos seus camaradas de armas acima mencionados sob a supervisão do professor ordinário, **LOHAKA Djonga.**

O nosso objetivo é descrever e analisar o planeamento de uma área protegida no nosso país, na **República Democrática do Congo**, tal como no resto do mundo.

A nossa preocupação ao abordar este tema foi :

- **apresentar os antecedentes e definir as zonas protegidas,**
- **saber como gerir uma área protegida,**
- **planear uma zona protegida.**

Após ter explicado os pontos abordados neste trabalho, sugerimos a todos os nossos leitores e a todos aqueles que são chamados a gerir áreas protegidas na RD Congo que sigam as leis:

- **Lei n.º 11/0009, de 9 de julho de 2011, sobre os princípios fundamentais relativos à conservação do ambiente.**
- **Lei n.º 14/003, de 11 de fevereiro de 2014, relativa à conservação da natureza, da República Democrática do Congo.**

BIBLIOGRAFIA

1. Bertrand Chardonnet 2014: Consulta para a melhoria do sistema de monitorização ecológica nas áreas protegidas da Costa do Marfim. 177p. Comité do Património Mundial 2013:
2. GTZ, (1983) - Plan Directeur Mosso-Buyogoma. Planeamento regional para as províncias de Cankuzo, Rutana e Ruyigi no Burundi. Tomo I e Tomo II.
3. ICCN, Manuel des Droits et Obligations des Parties Prenantes dans les Aires Protégées, maio de 2011, RDC
4. IUCN. 1994. Diretrizes para as Categorias de Gestão de Áreas Protegidas. CNPPA com a assistência do WCMC. IUCN, Gland, Suíça e Cambridge, Reino Unido. x + 261pp.
5. Diretrizes da IUCN-WCMC para as categorias de gestão de áreas protegidas (http://www.unepwcmc
6. Lei n.º 11/0009, de 9 de julho de 2011, sobre os princípios fundamentais relativos à conservação do ambiente.
7. Lei n.º 14/003, de 11 de fevereiro de 2014, relativa à conservação da natureza
8. Malaisse, F. (1979) - L'écosystème miombo. In: Ecosystèmes forestiers tropicaux. un rapport sur l'état des connaissances UNESCO, PNUE et FAO: 632-657.
9. Ministério do Planeamento do Desenvolvimento e da Reconstrução

   Nationale (2006) - Monographie de la Province de Rutana. Projeto de Apoio ao Planeamento Local (PPL)/PNUD,

10. Ministério das Florestas e da Fauna (MINFOF), Camarões. 2008. Diretivas para a elaboração e execução dos planos de gestão dos espaços aéreos protegidos dos Camarões. Yaounde, Camarões.

11. Relatório de missão sobre o estado de conservação do Parque de Comoé. 13p. IUCN 2013: Monitorização da aplicação da lei nas áreas protegidas: necessária para a conservação, mas insuficiente para a boa governação. NAPA N° 64, notícias das áreas protegidas. 10p

12. Sind Akira, A., (2007) - Avaliação de Impacto Ambiental. Relatório de Projeto

Índice

Printed by Books on Demand GmbH, Norderstedt / Germany